Bibliografische Information der Deutschen Nationalbibliothek:

Die Deutsche Bibliothek verzeichnet diese Publikation in der Deutschen Nationalbibliografie; detaillierte bibliografische Daten sind im Internet über http://dnb.d-nb.de/ abrufbar.

Impressum:

Druck und Bindung: Books on Demand GmbH, Norderstedt Germany
ISBN: 9783668308541

Dieses Buch bei GRIN:

http://www.grin.com/de/e-book/340573/geographie-sekundarstufe-ii-von-geodynamischen-prozessen-bis-siedlungsgeographie

Philipp Hänicke

Geographie Sekundarstufe II. Von geodynamischen Prozessen bis Siedlungsgeographie

Abiturvorbereitung

GRIN Verlag

Philipp Hänicke

Geographie
Sekundarstufe II

Abiturvorbereitung Geographie
Gymnasium Sachsen
Klassen 11 und 12

I. Geodynamische Prozesse

II. Atmosphärische Prozesse

III. Wasser in der Atmosphäre

IV. Globale Disparitäten und Verflechtungen

V. Geographische Zonen der Erde

VI. Landnutzung in verschiedenen Ökozonen

VII. Bevölkerungsentwicklung & -verteilung

VIII. Siedlungsgeographie

I. Geodynamische Prozesse

1 Schalenbau der Erde

Schicht	Unterschicht	Tiefe (km)	Merkmale
Erdkruste	Ozeanisch	6-10	Basalt, 3g/cm^3
	Kontinental	30-60	Granit, 2,7g/cm^3
Oberer Erdmantel		50	Fest (Gabbro)
Mohorovicic-Diskontinuität			
Oberer Erdmantel	Asthenosphäre	400	Zähflüssig, Basalt, Konvektionsströme
Unterer Erdmantel		2900	Fest, Oxide + Sulfate + Mg
Wiechert-Gutenberg-Diskontinuität			
Äußerer Erdkern		5150	Flüssig, gediegenes Fe + Nickel
Lehmann-Diskontinuität			
Innerer Erdkern		6370	Fest, Eisen + Nickel

Seismologie: Diskontinuitäten → Brechung der Erdbebenwellen / Umwandlung P-/W-Wellen
→ Tiefe / Ausbreitung

2 Plattentektonik

2.1 Theorie nach Wegener

- Bewegliche Kontinente verändern ihre Lage
- Kontinente gleiten und zerbrechen
- Beweise:
    - Geologische Strukturen der Gebirge Europas und Nordamerikas
    - Küstenverlauf Afrika und Brasilien
    - Fossilien wärmeliebender Pflanzen in der Antarktis
    - Tierarten auf verschiedenen Kontinenten
- Problem: Bewegung?

2.2 Theorie nach Wilson

- Platten aus kontinentaler und ozeanischer Kruste
- Sea-floor-Spreading:
    - Magma steigt auf → Neubildung ozeanischer Kruste am mitteloz. Rücken → Ausbreitung Ozeanboden
- Beweise:
    - parallele / symmetrische zum Rücken verlaufende Magnetisierungsmuster
    - Erstarrung des Magma → Polarisierungsperioden
- Kräfte:
    - radioaktive Zerfälle im Kern → Konvektionsströme
    - Plattenzug, Rückendruck, Rinnensog

2.3 Vergleich

	Wegener	Wilson
Objekte	Kontinente	Platten
Bewegungsursache	Erdrotation, Mond	Konvektionsströme, Rückendruck, Plattenzug
Belege	Gebirge, Küste, Fossilien, Tiere	Sea-floor-Spreading
Folgen	Gebirgsbildung	Gebirgsbildung, Erdbeben, Vulkanismus, Tiefseegräben
Bewegungsuntergrund	Ozeanböden	Asthenosphäre

2.4 Vorgänge an Plattengrenzen

Divergierend

- Dehnung → Graben / Rift
- Bsp.: Mitteloz. Rücken, Rotes Meer, Oberrheingraben

Konvergierend

- kontinental + kontinental: Gebirge (Falten)
- kontinental + ozeanisch: ozeanische taucht ab → bei Kontinenträndern: Gebirge (Anden)
- ozeanisch + ozeanisch: Abtauchen → Isostasie → Aufstieg kontinentaler Kruste
  → Festlandsedimente im Tiefseegraben (Vulkanischer Inselbogen)

Konservierend

- Transformstörungen (San-Andreas-Störung)

2.5 Wilson-Zyklus

1. Ruhe: Hot-Spots
2. Graben: Brüche am Scheitel der Vulkane (Kontinentaler Rift = Taphrogenese)
3. Rotes Meer: Bildung ozeanischer Kruste aus Lava
4. Atlantik: Ausdehnung durch Lava aus Rift
5. Pazifik: Ausdehnungs-Stillstand & Einengung = Subduktion
6. Mittelmeer: Kontinentale + Kontinentale Kruste = Beginn Gebirge
7. Himalaya: Gebirgsbildung
8. Ruhe: Abtragung

2.6 Vulkanismus und Erdbeben

2.6.1 Magmatismus

= Entstehung & Bewegung von Magma

Abtauchen ozeanischer Kruste

- Erhitzung + Druckanstieg + Freisetzung Wasser
- Entstehung metamorphes Gestein
- Flüchtige Bestandteile → Asthenosphärenkeil
- Entstehung von Magmakammern
- Subduktion = Bewegung → Magmaaufstieg (explosive Vulkane)

Druckentlastung im mitteloz. Rücken

- Magmaaufschlezung
- Magmaaufstieg

Transformstörungen = kein Vulkanismus

2.6.2 Hot-Spots

1. Material steigt auf / Druck
2. Aufwölbung / Ausbreitung (Mantelplum)
3. Druckentlastungen → Magmaaufstieg in Magmakammern

2.6.3 Erdbeben

- Reibung = Bruchspannungs-Erhöhung → Erdbeben (Im Meer: Tsunamies)

3 Erdzeitalter

Endogen: erdinnere Prozesse
Exogen = erdäußere Prozesse

Ordovizum/Silur (458-416 Mio. Jahre)

- Kaledonische Gebirgsbildung (Gebirgsrümpfe Skand. / Schottland) → Faltengebirge

Karbon (359-299 Mio. Jahre)

- Variskische Gebirgsbildung (Zentralmassiv, Ural, Appalachen) → Faltengebirge
- Steinkohle

Perm (299-251 Mio. Jahre)

- Abtragung variskisches Gebirge
- Steinkohle
- Zechsteinmeer in Europa: Stein-/Kalisalz, Kupferschiefer

Trias/Jura (251-145 Mio. Jahre)

- Zerfall Pangäa: Wechsel Land ⇔ Meer → Sediementablagerung

Paläogen (65-23 Mio. Jahre)

- Alpidische Gebirgsbildung → Bruchschollengebirge
- Braunkohle
- Bruchschollentektonik

Pleistozän (18-0,01 Mio. Jahre)

- Warm ⇔ Kalt: Überformung, Löss

Holozän (< 10.000 Jahre)

- Exogene Prozesse

4 Gebirgsbildungsprozesse

4.1 Entstehung verschiedener Gebirgsformen

Faltengebirge

- Kollision: Auffaltung
- Synklinalen + Antiklinale
- Voraussetzung: hohe Flexibilität

Deckengebirge

- Überlagerung von Falten
- Lücken in der geologischen Folge
- Voraussetzung: räumlich stark einengender Druck; Schmiermittel

Falten-/Deckengebirge

- Flysch = Ton/Sand in Tiefseerinne vor den Platten (marin)
- Molasse = Sedimente aufragender Gebirge
- Flysch-Stadium: Flysch-Ablagerung → Aufschiebung → Zwischen die Platten gedrückt
- Molasse-Stadium: Abtragung des Gebirges und Ablagerung in Senke

Bruchschollengebirge

- Spannungen: Brüche
- Voraussetzung: altes, hartes Gestein
- Brüche: Staffelbrüche, Pultscholle (Kippung), Horstscholle (Hebung), Graben (Ausweitung)

5 Gesteine und deren Entstehung

5.1 Magmatische Gesteine (Erstarrung von Magma → hart, körnig)

Tiefengestein (Plutonit): Erdkruste → Auskristallisierung; Granit, Gabbro, Gneis
Ergussgestein (Vulkanit): EO (schnell) → einheitliche Grundmasse; Basalt
Ganggestein: Erst Auskristallisierung, dann schnell → einheitlich mit Einsprenglingen; Porphyr

5.2 Metamorphe Gesteine (durch Tiefenänderung)

Regionalmetamorphite: Druck-/Temp-Änderung = Gesteinsumwandlung
Kontaktmetamorphite: Erhitzung durch Magmaherd
Merkmale: Parallel-schiefrig

5.3 Sedimentgestein (Ablagerungen an EO)

Physikalisch: Transport via exogene Kräfte und Ablagerung = klastische Sediment (marin/terrestrisch)
Chemisch: Chemische Reaktionen
Biologisch: Durch Organismen

II. Atmosphärische Prozesse

1 Aufbau der Atmosphäre

1.1 Zusammensetzung der Atmosphäre

- Permanente Gase (Anteil konstant) + Variable Gase (= Treibhausgase, Anteil variiert)
- Aerosole: Natürliche (Pollen, Mineralstaub) + Antrophogene (industrielle Rußpartikel)

1.2 Schichtung der Atmosphäre

Höhe (km)	Schicht	Temp.	Ursache
0-12	Troposphäre	-6,5K/km	Emittieren langwelliger Strahlung an der EO
12	Tropopause		
12-50	Stratosphäre	Ab 20 km: T bis 15°C	Absorption UV in Ozon = Wärme
50	Stratopause		
50-85	Mesospähre	T sinkt auf -80°C	Geringer Luftdruck
85	Mesopause		
85-500/600	Thermosphäre	T steigt auf 100-2000°C	Absorption von energiereicher Strahlung
500/600-1000	Exosphäre	Keine Wärmeleitung	Atmosphäre dünn

2 Strahlungs- und Wärmehaushalt

Solare Strahlung = Einstrahlung durch Sonne
Terrestrische Strahlung = Ausstrahlung durch EO (langwellig)
Fühlbare Wärme = messbare Wärme an der EO
Latente Wärme = Energie des Wassers in der Luft (zur Verdunstung benötigt)
Albedo = Anteil der reflektierten Strahlung

2.1 Strahlungshaushalt

Kurzwellig (Einstrahlung): $Q_K = Q_G - aQ_G = D + I - aQ_G$

Langwellig (Ausstrahlung): $Q_l = A_E = A_0 - A_G$

Natürlicher Treibhauseffekt = Rückstrahlung langwelliger Strahlung zur EO (+ 33K)

2.2 Wärmehaushaltsgleichung

Regionale Unterschiede durch Kugelgestalt → Wärmestrom vom Äquator zu de Polen

R = (1-a)QG – AE = H + B + V + W

H: Fühlbare Wärme zwischen EO und Atmosphäre
B: Fühlbare Wärme zwischen EO und tieferen Schichten
V: Latenter Wärmestrom zischen EO und Atmosphäre
W: Wärmezufuhr durch Meere

III. Wasser in der Atmosphäre

1 Der Globale Wasserkreislauf

Transpiration = Verdunstung über Pflanzen
Evaporation = Verdunstung über unbewachsenem Land

1.1 Wasserbilanz

Niederschlag N = Verdunstung V

Meer: $V_M = N_M + A_L$ *Verdunstung = Niederschlag + Abfluss*
Land: $N_L = V_L + A_L + (R-B)$ *Niederschlag = Verdunstung + Abfluss + (Rücklage-Aufbrauch)*

2 Luftfeuchte

LF_{max} = maximale Luftfeuchte (Temperaturabhängig)
LF_{abs} = absolute Luftfeuchte
LF_{rel} = relative Luftfeuchte
Taupunkt = Luftfeuchte = 100% → Kondensation
Taupunktkurve = Taupunkt(Temperatur)

2.1 Adiabatische Prozesse

= Änderung von Druck / Volumen / Temp. ohne Wärmeaustausch

Trockenadiabatische Abkühlung: 10 K/km
→ bis Erreichen des Kondensationsniveaus

Feuchtadiabatische Abkühlung: 5K/km
→ Kondensation = Energie = Latente Wärme

3 Wolkenbildung

- Aufsteigende Luft (erst trocken-, dann feuchtadiabatisch)
  - Stabile Luft: Temp. Luftpaket < Umgebung
    → Absinken / Wolkenauflösung
  - Labile Luft: Temp. Luftpaket > Umgebung
    → Aufsteigen & Abkühlung = LF_{max} wird kleiner bis LF_{rel} = 100%
- Taupunkttemperatur ODER Aerosole als Kondensationskerne
  → Bildung einer Wolke: Zusammenlagerung zu Tröpfchen / Eiskristallen

3.1 Wolkenformen

Höhe (km)	Gattung	Merkmale	Niederschlag
6-12	Cirrus	Weiß, faserig	-
	Cirrocumulus	Weiß, flockig	-
	Cirrostratus	Weiß, faserig, nebelig	-
3-6	Altocumulus	Weiß/Grau, Wolkenballen	-
	Altostratus	Hellgrau/Blau, Gleichmäßige Schichten	Landregen
1,5-3	Stratocumulus	Grau + Flecken	Wenig Regen
	Stratus	Grau, gleichförmige Schicht	Wenig Regen
	Cumulus	Wolkenhaufen	-
1,5-12	Cumulonimbus	Schwarz-grau, sehr hoch	Regen
1,5-6	Nimbostratus	Graue/Dunkelgraue Schicht, sehr hoch	Regen

4 Thermisch bedingte Zirkulation

4.1 Luftdruck & Wind

Luftdruck	= Druck infolge der Schwerkraft
Isobaren	= Linien gleichen Luftdrucks
LD-gradient	= Luftdruck-Differenz
Wind	= Druckausgleichsströmung durch Gradientkraft

4.2 Land-Seewind-System

Tag:	schnelle Erwärmung Land → Verdunstung hoch = Tief am Boden → Wind See zum Land
Nacht:	Land = kalt → Verdunstung über dem Meer hoch = Tief → Wind Land zur See

4.3 Planetarische Zirkulation

Ein-Zellen-Modell	= anhand des Land-Seewind-Systems
Drei-Zellen-Modell	= Äquator = T, Passat bis 30° = H, Westwind bei 60° = T, Pol = H *Äquator – Passatzirkulation – Westwind-Zone – Polare Ostwinde – Pol*

Corioliskraft (Trägheitskraft)

- Erde am Äquator mit hoher Rotationsgeschwindigkeit
- Ablenkung der Luft zu den Polen
- Geschwindigkeit der Erde in höheren Breiten langsamer
- Luft schneller als Erde
- Ablenkung nach Osten

4.4 Passatzirkulation

- Äquator = Erwärmung der Luft = Aufstieg → Konvektion + Regen
- ITC wandert mit Zenit der Sonne (träge)
- Luftstrom polwärts + Coriolis → Osten
- Urpassat: teilweise Absinken → Zurück zum Äquator nach Osten
- 20°/30° Absinken + trockenadiabatische Erwärmung = Hoch
- SO-/NO-Passat zur ITC
- Urpassat verhindert Aufsteigen: Passatinversion, keine Wolken da stabil

4.5 Monsun

- Aufheizung Himalaya → ITC über Tibet (Hitzetief) → Passat nördlicher
- Feuchtigkeit aus indischem Ozean → Abregnen über Küste Indiens
- Winter:
  ITC im Süden → Himalaya = Kältehoch → trockener NO-Passat (stabile Passatinversion)

5 Dynamische Druckgebiete – Westwindzirkulation

5.1 Planetarische Frontalzone

= Bereich: Warme tropische Luft ⇔ kalte polare Luft

5.2 Westwinde

- Ablenkung der nach Norden gerichteten Höhenwinde nach Osten → geostrophische Winde
- Coriolis- & Gradientkraft: Erhöhung der Geschwindigkeiten
  = Jetstreams (1000 km lang, 7-12 km hoch, 500-1000 km breit, 600 km/h)
- Mäandrieren:
  - Meridional verlaufende Gebirge & Land-Meer-Verteilung
  - Kaltlufttröge nach Süden und Warmluftrücken nach Norden
  - stationäre Rossby-Wellen (Tief: Ost-Amerika & Asien, Hoch: West-Amerika & Europa)

5.3 Entstehung dynamischer Druckgebiete

	Zyklone	**Antizyklone**
Druck	Tief	Hoch
Luft am Boden	Konvergenz: in das Zentrum → Aufsteigen	Divergenz: aus dem Zentrum → Absinken
Ursache	Divergenz des Jetstreams durch höhere Geschwindigkeiten → Sog nach oben	Konvergenz des Jetstreams durch geringe Geschwindigkeiten → Ausbrechen nach unten
Drehbewegung NHK	Gegen den Uhrzeigersinn durch Corioliskraft	Mit dem Uhrzeigersinn durch Corioliskraft
Zugrichtung	Nach NO	Nach SO

5.4 Entwicklungsstadien einer Zyklone

1. Geburt: Sogwirkung → Verwirbelung am Boden → Ausbildung von Fronten
2. Entstehung: Warm-/Kaltfront; Tiefdruckgebiet
3. Reifestadium: Kaltluft schiebt sich unter die Warmluft; Warmluft gleitet langsam auf
4. Okklusion: Kaltfront erreicht Warmfront; Warmluft wird hochgedrückt
5. Endzustand: Völliges Auflösen (Osteuropa, Westrussland)

5.5 Wettergeschehen beim Durchzug einer Zyklone

	Vor der Warmf.	**Warmfront**	**Warmsektor**	**Kaltfront**	**Nach der Kaltf.**
Temperatur	steigend	steigend	steigend	Stark sinkend	Sinkend
Luftdruck	fallend	fallend	fallend	steigend	steigend
Wolken	Cirrus Cirrostratus Altostratus	Altostratus Nimbostratus → Advektion	Keine Stratocumulus Altocumulus	Cumulonimbus Nimbostratus → Konvektion	Cumulus
Niederschlag	-	Landregen	Wenig bis kein	Stark, Gewitter	-

5.6 Großwetterlagen über Mitteleuropa

Großwetterlage = großräumige Druckverteilung bei charakteristischer Witterung

Wetter	= aktueller Zustand der Atmosphäre
Witterung	= Zustand der Atmosphäre über einen längeren Zeitraum (Tage-Wochen)
Klima	= durchschnittlicher Zustand über 30-50 Jahre mit typischer Witterung über ein Jahr

W-Wetterlage

- Frontalzone von West nach Ost
- feuchte Luft vom Atlantik: wechselhaft, feucht

SW-Wetterlage

- T in GB, H über östlichem Mittelmeer
- Temperatur steigt
- Sommer: schwül, Gewitter, teils sonnig
- Winter: Regen, Schnee in Südalpen

NW-Wetterlage

- T über Skandinavien, H über Atlantik
- kalte, feuchte Luft, wechselhaft, Schauer, Gewitter

N-Wetterlage

- T über Skandinavien, H über GB
- Nordwinde

S-Wetterlage

- T über Westeuropa, H über Osteuropa
- südliche Luft

O-Wetterlage

- T über Mittelmeer, H über Osteuropa
- Blockade Westwind: kalte, trockene Luft
- beständig, wenig Wolken; Sommer heiß, Winter kalt

Trog-Wetterlage

- Jetstream: Atlantik – Mittelmeer – Mitteleuropa – Osten (Sonderform von S-Wetterlage)
- viel Feuchtigkeit vom Mittelmeer = Hochwasser

IV. Globale Disparitäten und Verflechtungen

Entwicklung
= politischer, wirtschaftlicher, kultureller & sozialer Fortschritt zur kollektiven und individuellen Eigenständigkeit

Entwicklungsland
= Land mit Merkmalen Unter-/Fehl- oder einseitiger Entwicklung nach obiger Definition

Merkmale Entwicklung:
Sicherung Grundbedürfnisse, Recht auf Arbeit, Zugang zu Produktionsmitteln, Teilhabe an Politik, ökologisch gesicherte Welt, Selbstverwirklichung

Disparitäten
= Ungleichheiten von Entwicklungsstand oder Entwicklungschancen in einem Gebieten

1 Gliederungsmöglichkeiten der Erde

Industrie- & Entwicklungsländer

Länder-kategorie	Industrieländer (IC)	Entwicklungsländer = Developing Countries		
		Schwellenländer (NIC)	Transformations-länder (LDC)	Entwicklungs-länder (LLDC)
Englisch	Industrialized Countries	Newly industrialiszed Conutries	Less Developed Countries	Least Developed Countries
Merkmale	• hoher Entwicklungsstand • >12.000 US-$ • hohe Industrialisierung • starke Tertiärisierung	• Wirtschaft fast IC • 905-12.000 US-$ • Tiefenstruktur • wenig Lohn • hohe Produktivität • effektiver Staat, gute Bildung	• starke Rückstände • <905 US-$ • einseitige Handelsstruktur • Import: Fertigwaren • Export: Rohstoffe • Krisen, Verschuldung	

Problem: Abgrenzung schwierig, teilweise irreführend

Drei Welten

Erste Welt: westliche Industrieländer
Zweite Welt: kommunistische Welt mit sozialistischer Planwirtschaft
Dritte Welt: Entwicklungsländer

Problem: Blockfreiheit = Entwicklungsland

Nord-Süd

Nord: Industrieländer (die meisten sind auf der Nordhalbkugel)
Süd: Entwicklungsländer (meistens auf der Südhalbkugel)

Problem: andere Halbkugel möglich

2 Indikatoren des Entwicklungsstandes

	Wirtschaftliche Indikatoren		Kombinierte Indikatoren	
	BNE Bruttonationaleinkommen	BIP Bruttoinlandsprodukt	HDI Human-Development-Index	GINI-Koeffizient
Merkmale	Wert alle Waren und Dienst-leistungen im Besitz von Inländern	Wert aller Waren und Dienst-leistungen im Inland produziert	Lebenserwartung + Bildungsrate + reale Kaufkraft → zwischen 0 (min) & 1 (max)	Wert der Vermögens-verteilung → zwischen 0 (gleich) & 1 (ungleich)
Probleme	• keine Lebenswirklichkeit • Wirtschaft ungleich Wohlergehen • Qualität der Wirtschaftsstruktur? • keine soziale Betrachtung • keine Selbstversorgung / informeller Sektor		• keine regionalen Unterschiede • keine polit. / ökolog. Faktoren • oft modifiziert?!	• Anstieg ungleich Verschlechterung

➔ Verschiedene Faktoren zur Indizierung benötigt

3 Armut

Relative Armut
= Bevölkerungsgruppe am unteren Ende des Wohlstandsniveaus

Absolute Armut
= < 1$ pro Tag

Wirkungskomplexe von Armut

Endogen (intern, national)		Exogen (extern, international)	
Physisch-geographisch	**Sozio-ökonomisch**	**Historisch-politisch**	**Weltwirtschaft**
• Naturkatastrophen • Umweltzerstörung • Epidemien • Seuchen • schlechte LW-Bedingungen • Boden, Lage • Klima, Vegetation	• Bürgerkriege • ungerechter Besitz • miese staatliche Versorgung • Hierarchie • kaum Modernisierung • wenig Arbeit • kaum Kredite • Politik	• Kriege • Kolonialismus • hohe Schulden • Korruption	• Protektionismus • schlechte Hilfe • fehlende Kaufkraft • Preisschwankungen • Devisenknappheit

4 Globalisierung

Antriebskräfte

- Neue Technik
- Sinkende Transportkosten
- Außenwirtschaftliche Liberalisierung
- Liberalisierung des Geldmarktes

Vorteile

- billig, einheitlich, weltweit
- internationale Weiterentwicklung
- höherer Lebensstandard
- Unterstützung der Armen

Gefahren

- Ausbeutung, Armut, Hunger, Elend
- Verdrängung lokaler Produktion / Binnenmarkt
- fehlende inländische Wirtschaft

Merkmale

- Produktion, Vermarktung & Verwaltung in verschiedenen Ländern
- billiger Import & Export, billige Arbeitskräfte, billige Waren
- Gütermärkte: viel Transport, Massentransporte, Zusammenwachsen der Märkte
- Arbeitsmarkt: Verringerung der Armut, internat. Arbeitsteilung
- Finanzmarkt: Umsatzsteigerung, starke Disparitäten, mehr Devisen

4.1 Wirtschaftsströme

Terms of Trade (ToT) = Verhältnis Preisindex Ausfuhrgüter zum Preisindex Einfuhrgüter

Weltweit:

hohe ToT: Nordamerika, Mitteleuropa, Südostasien, Brasilien
niedrige ToT: Afrika
EU = größter Binnenmarkt

Auswirkung auf Entwicklungsländer

- einseitige Exportstruktur → geringer Marktanteil, Abhängigkeit, Rohstoff-Export
- Preisschwankungen → Verdrängung, da Finanzmittel fehlen

5 Global Player

= multinationale Unternehmen, die auf fast allen Märkten der Welt vertreten sind

Vorteile

- Markterschließung, geringere Kursschwankungen, kaum Exporthindernisse, mehr Absatz
- geringere Produktionskosten

Nachteile

- höhere Transportkosten = Umweltverschmutzung, teilweise weniger Arbeitsplätze

6 Rohstoffe und ihre Nutzung

6.1 Entstehung von Erdöl

- Totes organisches Material (Plankton) → Ablagerung auf Meeresboden = Sedimente
- Faulschlamm + anaerobe Bakterien = Bitumen
- Druck + Temperatur steigen → Erdölmuttergestein
- Druck → Wanderung in Speichergestein = Erdölfalle

6.2 Endlichkeit und Verteilung des Erdöls

	Nachgewiesene Ressourcen	**Nicht entdeckte Ressourcen**
Wirtschaftlich gewinnbar	RESERVEN	
Nicht wirtschaftlich gewinnbar		

Reserven = wirtschaftliche Güter die sicher sind und abgebaut werden können
Ressourcen = vermutete Lagerstätten oder wirtschaftlich nicht abbaubar

Erdölförderländer und Vorkommen decken sich nicht mit Erdölverbraucherländern
→ Warentransport

Erdölreserven: 77% OPEC, 9% OECD
Erdölverbrauch: 8% OPEC, 60% OECD

OPEC = Organisation of Petroleum Exporting Countries
OECD = Organisation for Economic Cooperation and Developement

6.3 Die Rolle der OPEC

80% Erdölreserven

Ziele: kein Preisverfall, Absicherung gegen Einnahmen-Verringerung, gemeinsame Ölpolitik
→ Förderquoten

Entwicklung des Ölpreises

1950er	neue Quellen → Preis sinkt, Gründung OPEC
1973/74	Ölboykott → Preisanstieg
1979/80	Revolution im Iran, Ölkrise (1. Golfkrieg) → Preisanstieg
1981	Absatzrückgang OPEC → geringere Produktion
1990	2. Golfkrieg → Preisanstieg
2000	Förderkürzungen OPEC
2001	Anschläge auf das WTC
2003	Golfkrieg USA – Iran
2004	Förderkürzungen OPEC

V. Geographische Zonen der Erde

1 Landschaft als System

1.1 Landschaft nach Neef

= Teil der EO, der durch äußeres Erscheinungsbild und Zusammenwirken der Geofaktoren eine charakteristische Raumeinheit darstellt

Horizontalstruktur
= benachbarte Landschaften mit bestimmten Merkmalen und fließendem Übergang (hierarchisch)

Vertikalstruktur
= Vertikale Schichtung der Geofaktoren

1.2 Sphären, Geofaktoren und Geoelemente

Sphäre	Geofaktor	Geoelemente
Atmosphäre	Klima	Temperatur, Niederschlag, Windstärke, Sonnenintensität, Luftdruck, Verdunstung, Luftfeuchte
Litosphäre	Geologischer Bau	Gesteinsart, Härte, Mineralien, Schichtung
Pedosphäre	Boden	Bodenart, Bodentyp, pH-Wert, Humusgehalt, Wassergehalt
Morphosphäre	Relief	Höhenlage, Geländeneigung
Hydrosphäre	Wasser	Salzgehalt, pH-Wert, Temperatur, Verfügbarkeit, Gewässerart
Biophäre	Tier-/Pflanzenwelt	Artenvielfalt, Populationsdichte, Bau/Anpassung

1.3 Geoökosystem nach Hertz

Globalstrahlung
↓
Klima
Wasser, Boden, Relief, Bios
Geologischer Bau
↑
Tektonik

- offenes System = Stoff- & Energieaustausch
- dynamische Prozesse
- Mensch als Faktor
- Standortfaktoren anhand der Wechselwirkungen
- Landschaft = Ergebnis ökonomischer & sozialer Prozesse

1.4 Entwicklung einer Landschaft

Klima + Relief + Wasser + Geologischer Bau	= Urlandschaft
+ Bios + Boden	= Naturlandschaft
+ menschliche Gesellschaft	= Kulturlandschaft

2 Syndromkonzept

Syndrom
= unerwünschte charakteristische Fehlentwicklung durch menschliche Eingriff

Arten

- unangepasste Nutzung natürlicher Ressourcen (z.B. Sahel-Syndrom)
- nicht nachhaltige Entwicklung (z.B. Favela-Syndrom)
- unangepasste Entsorgung von Rohstoffen (z.B. Altlasten-Syndrom)

2.1 Sahel-Syndrom

= Degradationserscheinungen durch Überschreitung der Tragfähigkeit des Raumes aufgrund verarmter, marginalisierter Bevölkerung

Ursache

- arme Bevölkerung + Bevölkerungswachstum
- Intensivierung / Ausweitung → Bodenversiegelung → Degradation = Verarmung

Einflüsse: keine Nachhaltigkeit, Politikversagen, Emanzipation, Bildung

3 Zonale Gliederung der Erde

3.1 Ursachen für die zonale und azonale Gliederung

Zonal: Erdachsenneigung, Erdrevolution (Wandern des Zenits, Niederschlagsvariabilität), Kugelform
Azonal: Land-Meer-Verteilung, Gebirge, Meeresströmungen

3.2 Genetische und effektive Klimaeinteilung

Genetisch: Klima anhand der sie hervorrufenden Faktoren (Neef)
→ Einstrahlung, Ausstrahlung, atmosphärische Zirkulation, Druck-/Windgürtel
Pro: einfach, übersichtlich, leicht verständlich, Druckgebiete
Contra: gröber, ungenaue Ursachen

Effektiv: Klima anhand messbarer, charakteristischer Merkmale (Köppen/Geiger)
→ Klimastationen, natürliche Vegetation
Pro: Realitätstreue, Wind, Meeresströmungen
Contra: keine Ursachen, nur Messungen

VI. Landnutzung in verschiedenen Ökozonen

1 Landnutzung in den immerfeuchten Tropen

Subsistenzwirtschaft: Wanderfeldbau (Shifting cultivation)

- primärer tropischer Regenwald → Brandrodung → Anpflanzung
- hoher Niederschlag = Auswaschung = nach 3 Jahren unnutzbar → Brachland
- Bildung neuer tropischer Bedingungen = tropischer Sekundärwald
- Problem: nicht produktiv, nur Selbstversorgung, Zerstörung des Regenwaldes

1.1 Veränderte Landnutzung in den Tropen

Trockenfeldbau

- Bsp.: Wanderfeldbau
- geringe Produktivität (30 Personen/km^2)
- Produktivitätserhöhung: Düngung, Pflanzenschutz, Kompostierung
- nachhaltig

Dauerfeldbau

- höhere Produktivität
- familiär / traditionell
    - Stockwerksbau / Eingliederung in tropische Natur, Symbiosen
    - sozioökonomische Abhängigkeit
- Plantagen
    - industriell, Monokulturen, Ausbeutung, Export, Auswaschung

Bewässerungsfeldbau

- höhere Produktivität (2.000 Personen/km^2)
- v.a. in Asien, oft Reis
- hoher Arbeitsaufwand, nachhaltig

Bewässerungsverfahren

	Unterflur-B.	**Oberflächen-B.**	**Beregnung**	**Mikro-B.**
Methode	Kapillar-Bewässerung	Überstauverfahren Rieselverfahren Furcheneinstau	Feld-/Reihen-/ Einzelberegnung	Punkt-/ Tröpfchen-Bewässerung
Technik	Hebung des GW-Spiegels durch unterflur Leitungen	Stauanlagen, Verteiler, geregelter Flächenüberstau durch Flutwasser	Verteilung durch Pumpen, Rohre, Beregner	Wasser aus Tropfkörper
Vorteile	Wenig Verdunstung, wenig Arbeit, kein Landverlust	Wenig Technik, wenig Aufwand bei kleinem Areal, auch in steilen Lagen	Überall, auch Dünger, wenig Wasser	Anpassung an Pflanzen, billig, wenig H_2O, wenig Verdunstung, Dünger
Nachteile	Rohrnetz, nur Tiefwurzler	Viel Verdunstung, viel natürliches Wasser, Investitionen	Windanfällig, Technik, viel Strom, teuer	Verstopfung, Technik, Leitungen
Anwendung	Eben bis mäßiges Relief (stationär)	Eben bis steil (halb-/ stationär)	meist eben (Sub-/ Tropen)	Gebiete mit Grundwaserstau

2 Wasser

Verbrauch

- stark steigend, besonders in Asien
- wenig Grundwasser in Städten
- hoher Verbrauch durch Industrieländer, hohe Verschmutzung
- viel LW (Bewässerung)

Folgen

- Knappheit, ökologische/ökonomische Probleme, Konflikte, Verunreinigung
- Entsalzungsanlagen, Stauseen, Desertifikation (Umleitung)
- geringe Feuchtigkeit

3 Massentourismus & Nachhaltigkeit

Ökologie

- Bodenversiegelung
- H_2O-Verbrauch, Grundwasserspiegel sinkt
- Zerstörung der Natur, wenig Vegetation
- Bewässerung, Abwasser, Abfall, Versalzung

Ökonomie

- sommerliche Einnahmen
- wenig Bedeutung für LW
- mehr Dienstleistungen, Infrastruktur

Mensch

- Einnahmen, Beschäftigung, neue Kulturen, Verbesserung von Lebensqualität & Altersstruktur

VII. Bevölkerungsentwicklung & -verteilung

1 Bevölkerungsentwicklung nach Kontinenten

- steigendes Wachstum
    - Modernisierung, Technisierung, Medizin, Verbesserung des Lebens, Wissenschaft
- Stagnation durch Abflachung (Industrieländer)
- Afrika: reelles Wachstum
- Asien: Stagnation durch Politik

2 Der demographische Übergang

= Wandel der natürlichen Bevölkerungsbewegung von hohen Geburten- & Sterberaten zu niedrigen

	1. Demographischer Übergang					2. Demogr. Übergang	
	Vorbereitung prä-	Einleitung früh-	Umschwung mittel-	Einlenken spät-	Ausklingen post-	Demogr. Übergang	Demogr. Krise
		transformative Phase					
Geburten-rate	Sehr hoch	Hoch	Fallend	Fallend	Niedrig	Fallend	Sehr Niedrig
Sterbe-rate	Hoch	Fallend	Fallend	Niedrig	Niedrig	Niedrig	Niedrig
Wachstum	Niedrig	Steigend	Hoch	Fallend	Niedrig	Fallend	Negativ
Ursachen	Kinder als Arbeitskräfte und Alters-sicherung, keine Familien-planung, Hunger, wenig Medizin, kaum Hygiene	medizinisch-technischer Fortschritt, bessere Nah-rungsmittel-versorgung, mehr Hygiene, höhere Lebens-erwartung	höhere Lebenser-wartung, andere Altersstrukt ur	Zivilisations-krankheiten als Todes-ursache	Industrialisierung, Selbstverwirklichung, keine Kinderarbeit, Allgemeine Schulpflicht, Sozialgesetze, Frauen-arbeit, Empfängnis-verhütungsmittel, wenig religiöse Bindungen	soziostrukturelle Veränderungen, hoher Lebensstandard, späte Heirat, effiziente Verhütung, Wertepluralismus, Individualisierung, materielle Notlagen, Armutsrisiko, Singlehaushalte, Karrierevorteile für Kinderlose	

2.1 Demographischer Wandel in den Entwicklungsländern

- nach Kolonialisierung, meist zwischen 2. und 4. Phase
- Medizinische Errungenschaften aus den Industrieländern
- sinkende Sterberate, hohe Lebenserwartung
- hohe Geburtenraten: kaum Bildung, Aufklärung, Sozialsysteme, Verhütung, Zukunftschancen

2.2 Herausforderungen des 2. demographischen Übergangs

- kinderfreundliches System
- Verbesserung von Mietsituation, Kitasystem, Integration
- viele Rentner, wenig Erwerbstätige, steigende Krankenkassenbeiträge
- Doppler-Effekt

Konsequenzen des Bevölkerungswachstums

- Ausbau Infrastruktur, Schulen, Krankenhäuser, Medizinische Versorgung
- mehr Human-Kapital ODER wenig gesellschaftliche Modernisierung
- höhere Nachfrage, Armut, Unterernährung, Infrastrukturdefizite

3 Bevölkerungsstruktur und Bevölkerungspyramiden

Bevölkerungsstruktur

Geschlechterverteilung, Altersstruktur, Bildungsgrad Einkommensverteilung, Religionen, Ethnische Gruppen, Land-Stadt-Verteilung, Beruf, Lebenskonzept, Gesundheitsstand

3.1 Grundformen der Bevölkerungspyramiden

Pyramide

- gleichbleibende Geburten- und Sterberate (hoch)
- geringe Lebenserwartung, schlechte medizinische Versorgung & Hygiene

Parabel

- hohe Geburtenrate & Säuglingssterblichkeit
- geringe bis sehr geringe Lebenserwartung, extrem schlechte medizinische Versorgung

Bienenkorb

- gleichbleibend niedrige Geburten- & Sterberate
- hohe Lebenserwartung, gutes Gesundheitswesen, gleichbleibende Bevölkerungszahl

Glocke

- Niedrige Sterberate, hohe Geburtenrate
- hohe Lebenserwartung, gesundes Bevölkerungswachstum

Urne

- niedrige Geburten- & Sterberate
- hohe Lebenserwartung, sinkende Bevölkerungszahl, hohe Säuglingssterblichkeit

Tannenbaum

- niedrige Sterberate, zurückgehende Geburtenrate
- hohe Lebenserwartung, teilweise Stadtteil-bezogen

VIII. Siedlungsgeographie

1 Der Begriff Stadt

Stadt
= Administrative, die durch eine Stadtgrenze definiert ist

Stadt (statistisch)
= Administrative mit Mindesteinwohnerzahl
ESP/ISL/DAN/FIN/NOR: 200 EW; CAN: 1.000 EW; DE/FR: 2.000 EW; USA: 2.500 EW; JAP: 50.000 EW

Stadt (historisch)
= Siedlung mit Stadtrecht

Stadt (geographisch)

quantitativ:

- Mindestgröße
- Geschlossenheit der Ortsform
- hohe Bebauungsdichte
- Mehrstöckigkeit
- hohe Wohn-/Arbeitsplatzdichte
- Zuwanderung
- Dominanz sekundärer und tertiärer Sektors
- Einpendler-Überschuss

qualitativ:

- kompakte Baukörper
- funktional bestimmte innere Gliederung in Verwaltung, Wohnung & Industrie
- sozial bestimmte innere Gliederung
- städtische Lebensformen & -stile
- Mindestmaß an Zentralität
- Verkehrsknotenpunkt
- naturferne Gestalt

2 Verstädterung

= Wachstum der Städte hinsichtlich Anzahl, Ausdehnung, EW-Zahl und Anteils der Stadt- an der Gesamtbevölkerung

- weltweite Zunahme (Bevölkerungswachstum, Landflucht)
- meist in Entwicklungsländern
- Industrieländer: lange schon hoher Verstädterungsgrad

2.1 Verstädterungsprozesse in Industrie- & Entwicklungsländern

Industrieländer

- Industrialisierung = mehr Arbeit
- Tertiärisierung
- Mobilisierung = Suburbanisierung
- Eingemeindungen, Stadtgründungen

Entwicklungsländer

- ab 1920 in USA, ab II. WK flächendeckend
- stärkeres und schnelleres Wachstum durch hohes Bev.-Wachstum
- keine abgestimmten Verknüpfungen der Wirtschaft
- wenig Arbeit durch importierte Technologien

Push-Faktoren

- Bevölkerungswachstum = Druck auf Ressourcen
- wenig Arbeitsplätze
- schlechte Infrastruktur
- niedriger Lebensstandard

Pull-Faktoren

- mehr Arbeitsplätze
- höhere Löhne
- hoher informeller Sektor
- bessere Bildung
- viel Kultur- und Freizeitangebot
- besseres Gesundheitswesen und bessere Versorgung
- Hoffnung auf besseren Lebensstandard

2.2 Megastädte und zunehmende Metropolisierung

Megastadt
= Großstadt mit mind. 8-10 Mio. EW, Zentrum für Wirtschaft, Politik, Kultur, Verkehr und Informationsströme von nationaler Bedeutung

Metropole
= Megastadt mit internationaler Bedeutung

Metropolisierung
= Prozess des Heranwachsens einer Stadt zu einer Metropole

Bedeutungsüberschuss gegenüber dem Land = Primatstellung = bevölkerungsmäßiges Übergewicht

Demographische Primacy
= Metropolenbevölkerung / Gesamtbevölkerung

Index of Primacy
= EW-Zahl größte Stadt / EW-Zahl zweitgrößte Stadt

Funktionale Primacy
= hohe Konzentration von politisch-administrativen, wirtschaftlichen und kulturell-wissenschaftlichen Funktionen (=Wohlstandsgefälle)

Ursachen: Langes Öffnen der „Demografischen Schere", Landfluht, Globalisierung

2.3 Das Favela-Syndrom

= große Umweltdegradation durch ungeregelte informelle Agglomeration menschlicher Siedlungen am Rande bestehender Zentren ohne staatlichen Einfluss

Folgen

- fehlende Sozialsysteme, Infrastruktur & medizinische Versorgung
- Kriminalität, Slumbildung, Bodenversiegelung, Verschmutzung, Kontamination
- Lebensmittel-/Arbeitsplatzmangel

3 Städte im Wandel

Urbanisierung

- Verdichtung und Vergrößerung menschlicher Siedlungen, Verstädterung, City

Suburbanisierung

- Ausdehnung in das Umland
- Bevölkerung: Größere Wohnfläche, „Grüne", Mobilität, Hausbau, Ruhe, Einkommen
- Dienstleistungen: Flächen, Bevölkerung, Mobilität
- Industrie: Flächen, Verdrängung aus City, Kosten, Standortbedingungen
- Folgen: Bedeutungsverlust Innenstadt
- Deutschland: 70er Jahre

Desurbanisierung

- Bedeutungsgewinn Land
- Wertewandel, Industrialisierung des Landes, Infrastruktur-Ausbau, Ballungsnachteile
- Deutschland: ab 1980

Reurbanisierung

- Wiederbelebung der Innenstädte, Ausbau, Gentrifizierung, Wiederaufwertung

3.1 Stadtentwicklungsphasen in Deutschland

Vormittelalterliche Städte

- römisch, schachbrettartig, 4 Tore an N-S- und O-W-Straßen, bis Ende röm. Reich
- Trier, Köln, Koblenz

Mittelalterliche Städte

- Keimzellen: Handelsplätze; kirchliche & weltliche Verwaltung; rechtliche Privilegien
- Zentrum nichtagrarischer Wertschöpfung
- mehr Nahrungsmittel = Landflucht
- Gitternetz, Rathaus/Schloss + Kirche, Stadtmauer/-graben
- Halle (Saale), Hamburg, Nürnberg

Städte der Neuzeit / Absolutismus

- Stagnation es Wachstums (Pest, Hunger)
- neue Städte mit Funktion: Residenz (Karlsruhe), Festung (Neu-Breisach), Exulanten (Herrnhut, Potsdam), Bergstadt (Freiberg, Annaberg, Altenberg, Schneeberg)

Industriestädte / Stadterweiterungen während der Industrialisierung

- sozialer & gesellschaftlicher Umbruch = Expansion, Überwucherung
- Entfestung, Bahnhöfe, dicht bebaute Vorstädte, Villenviertel
- Anschlüsse (Gas, Wasser, Strom)
- Produktions-, Verwaltungs- & Verkehrszentrum
- Berlin, Leipzig, Gartenstadt Hellerau, Wittenberg

Erweiterung der Gegenwart

- Einfamilien-/Reihenhäuser + Große Gärten; funktionale Trennung durch Technisierung
- Verkehrs-/Informationstechnik: Pendeln, Mobilität, große Distanzen
- DDR: Plattensiedlungen

3.2 Gentrifizierung

= Wiederaufwertung von Wohnquartieren durch Erneuerung der Bausubstanz sowie einen dadurch bedingten Austausch der Bevölkerung

Ausgangsquartiere

- historische Altstädte
- ehemalige Arbeiterviertel
- ehemalige kleinbürgerliche Mischgebiete
- ehemalige großbürgerliche Wohngebiete
- Brach-/Industrie-/Hafenflächen
- ländliche Siedlungen

Dimensionen

sozial: statushöhere Bevölkerung statt statusniedriger Bevölkerung
baulich: Erneuerung & Sanierung
kommerziell: bessere Angebotsstruktur
symbolisch: positives Image

Ablauf

1. Einsickern: Zuzug von Pionieren in leere Wohnungen
2. Invasion: Massenhafter Zuzug von Gentrifiern, Modernisierung, neue Läden
3. Gentrification: Zuzug der Gentrifier, Wegzug der Pioniere, Modern., Läden; Anlockung
4. Dominanz: Dominanz der Gentrifier; Kapitalanlage, Preise↑, Nachfrage↑, pos. Image

4 Wachstum und Schrumpfung in Deutschland

4.1 Wachstums- und Schrumpfungsregionen und Ursachen

	Schrumpfung	Wachstum
Regionen	Östliches Ostdeutschland, ländliches Westdeutschland, Altindustriegebiete	Boomende Städte im Osten, westliche ländliche Gebiete, hauptsächlich Westdeutschland
Ursachen	• Wanderung, Bev.-Abnahme • hohe Sterberate • wenig Arbeitsplätze • Rückgang von Steuern, Käufern, Arbeitsstätten • wenige Investitionen • Abwärtsspirale: Verfall → schlechte Versorgung, Bildung, ÖPNV, Wohnen	• positive Standortfaktoren: viele Arbeitsplätze, gute Infrastruktur, ÖPNV, Versorgung, Wirtschaftsstruktur • Umweltprobleme: Müll, Grundwasser, Versiegelung • Belastung der Infrastruktur

4.2 Nachhaltige Entwicklung

= Entwicklungsstrategie zur Verbesserung der derzeitigen Lebenschancen ohne Benachteiligung der folgenden Generation

Lokale Agenda 21: „Global denken, lokal handeln"

ökologische / ressourcensparende Stadt

- Gleichgewicht zwischen Entnahme und Rückgabe
- Einsparungen bei Energie, Wasser, Abfall, Baustoffe, Fläche, Luftverschmutzung, Mobilität
- Schrumpfung: umweltschonender Umbau / Rückbau
- Wachstum: innerstädtische Nutzung / Flächenmanagement

ökonomische Stadt

- Leistungs- und Konkurrenzfähigkeit, modern, gute Infrastruktur
- Schrumpfung: Problem der Erhaltung von Regionen

soziale Stadt

- soziale Teilhabe, Integration, keine Segregation / Ausgrenzung, sichere Versorgung
- Schrumpfung: Versorgung zurückbleibender Menschen?
- Wachstum: Segregation in multikultureller Gesellschaft

5 Ökosystem Stadt

5.1 Urbanes Ökosystem

- natürliche Ökosysteme langfristig im Gleichgewicht
- künstliche Systeme weniger regenerationsfähig
- ständige Wechselwirkungen mit dem Umland nötig
    - Ausgleich (Klima), Versorgung, Reservefläche, Bauland, Deponien, Freizeit, Urlaub

5.2 Boden

- Lebensraum für Organismen: Verankerung, Versorgung
- Regulierung Wasser, Filterung, Pufferung

Bodenverdichtung, Versiegelung, Bebauung

- Veränderter Wasserkreislauf, keine Wurzeln, weniger Bodenorganismen, Aufheizung
- weniger Pflanzen: weniger O_2-Produktion, Schadstoffilter, Regulation von Luftfeuchte/Temp.

Störung Horizonte

- weniger Mineralienhaushalt = weniger Pflanzen

Schadstoffe

- Verunreinigung H_2O, Sterben von Pflanzen

5.3 Vegetation / Tiere

- Ersetzung oder Verdrängung der Artenvielfalt
- neue Zierpflanzen, Wildpflanzen
- regenerationsfähige Pflanzen
- viel Vegetation für Klima und Lebensqualität wichtig

5.4 Wasser

- Versiegelt: viel Oberflächenabfluss, wenig Grundwasser, wenig Verdunstung
→ Bodenverschmutzung, Fernwasserversorgung
- Unversiegelt: natürliches Wachstum möglich
- Fließgewässer kanalisiert oder verändert

5.5 Stadtklima

- viel Regen und Nebel
    - schnellere und höhere Konvektion, 3-5 mal mehr Kondensationskerne
    - mehr Gewitter, schlechte Regenwasserabführung durch Kanäle
- Wärme-/Trockeninseln
    - Versiegelung: geringere Luftfeuchte = wenig latente Wärme
    - geringerer Albedo = höhere Absorption trotz niedriger Einstrahlung
    - Bebauung: Wärmeabgabe, wenig Wind = wenig Abkühlung
    - lokales Windsystem: Konvektion = Tief am Boden → Wind in die Stadt
- Luftschadstoffe = Smog (v.a. bei Becken)
- wenig Schneefall (Temp.↑)
- Windböen durch Bebauungseffekte

Verbesserungsmöglichkeiten

- lockere Bebauung
- Frischluftschneisen: mehr latente Wärme, weniger fühlbare Wärme
- Vegetationsflächen + Renaturierung = Verdunstung + Luftfeuchte + Temp.↓
- Weniger Versiegelung: Albedo↓ + Verdunstung + Grundwasser